翡翠

 陈德锦 杨军 徐泽彬 编著

U0340953

云南出版集团公司

云南科技出版社

·昆 明·

图书在版编目（C I P）数据

翡翠. 购 / 陈德锦，杨军，徐泽彬编著. -- 昆明：
云南科技出版社，2013.9
ISBN 978-7-5416-7550-8

Ⅰ.①翡… Ⅱ.①陈… ②杨… ③徐… Ⅲ.①翡翠—
选购—基本知识 Ⅳ.①TS933.21

中国版本图书馆CIP数据核字(2013)第229903号

策　　划：杨　峻
责任编辑：唐坤红
　　　　　洪丽春
整体设计：晓　晴
责任校对：叶水金
责任印制：翟　苑

云南出版集团公司
云南科技出版社出版发行
（昆明市环城西路609号云南新闻出版大楼　邮政编码：650034）
昆明卓林包装印刷有限公司印刷　全国新华书店经销
开本：787mm×1092mm　1/36　印张：2　字数：60千字
2013年9月第1版　　2013年9月第1次印刷
定价：25.00元

序

　　《翡翠——鉴、赏、购》系列书即将出版。这是长期工作在宝玉石鉴定工作岗位上的陈德锦、杨军等几位所著。我详细认真地阅读了几遍，感到非常有新意。翡翠的书已出版了许多，但鉴赏类占大多数，鉴赏类的书是很容易写的，因为人人都可以当鉴赏家，若要写得深入浅出就很难了。这套书的内容十分实用，它从翡翠的种、水、色、造型、鉴别、佩戴以及翡翠有关的方方面面都写得一目了然，而且非常易懂实用，使读者看了这本书就敢买翡翠，是至今任何翡翠的书所不及的。书内的许多内容如肉眼鉴定翡翠是那么的实用，说明作者实践经验很丰富，理论与实践紧密结合，是指导购买翡翠的一本好书，也是教学的一本好教材。

　　最近这十年，因为翡翠的持续升温，大量翡翠的书也跟着多了起来。因为大多写书的人没有真实地实践过，大量的垃圾书充斥书市，产生了许多伪专家，这都是我们要警惕的，而这套书是多年来未见到的好书，读了您就明白了。

　　书内有许多肉眼鉴定翡翠及其他与之区分的珠宝的经验，在其他的珠宝书内是不会写的，一是没有这个功底，二是不愿写出来教人。而这套书内，几乎把所有肉眼鉴定的知识、方法、步骤等等都列入书中供大家学习，这实为难能可贵。同时非常全面地把各种作假方法介绍出来，怎么鉴定写得一清二楚，这是珠宝书里所不多见的。

　　全书语言精练，专业性强，易懂易学易掌握，具极强的实用价值！

目录

翡翠的挑选

　　有些人会问到如何选购翡翠，简单地说，选购翡翠有三个步骤：明确购买目的、选择正规渠道购买、购买时关注细节。首先我们要明确自己为何要去购买翡翠，自己佩戴、馈赠亲友、还是作为翡翠投资与收藏？明确购买的目的之后，我们再去思考"如何选购翡翠"，选择正确的购买渠道，就是在哪儿买更好。最后，在购买的时候，睁大眼睛细心去看，去听，去感受，这样才能买到我们想要的宝贝。

明确购买目的

自己佩戴

根据自身经济实力，选择符合自己喜好的翡翠的种类、颜色、题材、造型和材料。如果选择比较贵重的翡翠商品，一定要注意工艺和缺陷，因为镶嵌的设计和工艺会直接影响并体现货品档次。特别注意某些装饰性处理，可能意在掩盖翡翠主体上的瑕疵，这样的商品保值能力、增值空间会大打折扣。

馈赠亲友

在您为亲朋好友选择礼物时，别忘记要多多考虑受礼对象的个人需要、喜好和信仰。正确选择能令对方心仪的翡翠商品，也许能达到事半功倍的效果。

投资与收藏

一定要选择质量上乘、品相完美的翡翠，从种水、颜色、工艺、尺寸四个方面考量，不一定求全，但求某一点有出彩之处。颜色讲究正浓阳匀，多色讲究色彩的稀缺性和寓意。工艺方面，大师级的作品固然好，但一些准大师的作品，工艺水准也非常高，升值空间可能会更大。

选择正规渠道购买

　　翡翠店不在乎大小，主要看是否取得工商税务的登记，是否有当地专业珠宝检验机构的检验证书，是否有售后承诺。

选择翡翠的品质

决定翡翠的品质的因素主要有：翡翠的种水、颜色、质地、瑕疵、翡翠的型、做工等六个方面，这六个方面只是一个参考的依据，现实中一般无法面面俱到。

翡翠的种水

翡翠的种水是翡翠透明度和晶体颗粒大小的综合反映，种水越好，透明度越高、翡翠的肉质越细腻，反之越差。从好到差分别为：玻璃种、冰种、糯种、豆种、马牙种，每个种水之间没有严格的界限区分，也没有一个严格的衡量标准，因此选购时需要你具有一定的经验。

翡翠的颜色

翡翠具有红、黄、蓝、绿、黑、紫等主要色调，这些色调会左右衍生出一些相应的颜色，因此翡翠的颜色是多样化的。在这些多样化的颜色中一般以正绿色为最好，其次是紫色，红色，黄色。在每种颜色中，又以色调的"浓、阳、正、俏、和"为最佳。翡翠虽有各类颜色，但是带色的翡翠原料价格一般非常昂贵，因此有时不必过多考虑颜色的有无、颜色的多少、颜色的优劣。

翡翠的质地

质地（底）具有两层含义：

翡翠中矿物结晶颗粒大小及相互组合关系，也即翡翠的质地细腻程度。"质地细"翡翠指结晶颗粒较细，圆润光滑；"质地粗"指翡翠结晶颗粒粗大，表面粗糙。

翡翠中绿色以外的背景色调，也称为"底"。"底灰"指翡翠的背景色调偏灰。质地较好的如玻璃地、蛋清地、藕粉地、糯化地等；质地较差的如瓷地、干白地、狗屎地等。

看瑕疵

翡翠中的瑕疵是影响翡翠质量的重要因素，具体表现有：杂质、绵、绺和裂等。

杂质： 由翡翠中的暗色杂质矿物组成，小的称为"苍蝇屎"，大的称为"癣"。杂质多影响翡翠的纯净程度，从而影响其价值的高低。

绵： 翡翠中团块状、云雾状白色絮状物。绵多会导致翡翠显灰发朦，有雾感，浑浊不清。

绺： 翡翠中的愈合裂隙，显示为丝条状、片状的白色絮状物。

裂： 翡翠破裂产生的裂隙。"绵绺"与"裂"不同，绵绺是翡翠愈合裂隙留下的痕迹。也称"水纹、水筋、石筋"，对质量影响不大；而裂对翡翠质量影响就比较大。裂隙在翡翠表面往往会有裂线出现，在透射灯照射时会在裂隙两边出现明显的明暗差异。在一些挂件中会利用多余的装饰条纹来掩盖裂隙的存在，在选购时应当注意。

翡翠的型

　　翡翠的型是指翡翠饰品需要体现的创作主题和翡翠的雕刻、制作的外在形状。翡翠成品，尤其是挂件都会表现出非凡的文化内涵，创作的主题应该符合选购者的需求和喜好，同时翡翠饰品可以清爽、干脆地体现出创作所需要体现的主题。

做工

做工包含翡翠的雕刻工艺、抛光工艺。雕刻工艺的好坏直接影响翡翠成品的外观和价值，巧妙的雕工能妙笔生辉、化腐朽为神奇，而用功不当只会糟蹋翡翠原料。翡翠的光泽是玻璃光泽，翡翠的表面光泽程度取决于翡翠的抛光好坏。抛光好的翡翠光泽明亮，抛光差的翡翠则感觉表面毛糙，暗淡无光。

购买时需要关注的细节

购买贵重的翡翠商品，一般配有专业鉴定机构发出的鉴定证书

消费者在购买前要注意询问，如没有配备证书可协商与商家一起到专业机构申请鉴定；如果配有鉴定证书，可通过上网查询等方式辨认证书的真实性。

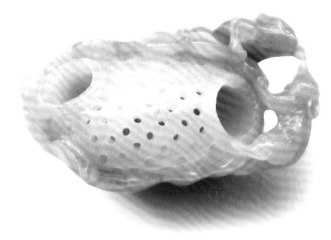

通过网络购买的翡翠商品，一定要请商家提供精细的包装

因为翡翠一旦在运输过程中磕碰损坏，价值就会大大下降。精细完好的包装是将商品安全送到您手中的一个重要保证。

注意配件的质量

很多翡翠花件、挂件是直接穿绳佩戴的，若佩戴时间较长，绳子容易磨损断裂，会造成挂件掉落，所以一定要注意配绳的质量。一般市面上的台湾绳和韩国绳质量较好，也不易褪色，推荐购买此类配绳。

不同种类的翡翠饰品选购

翡翠手镯的选购

翡翠饰品种类繁多，且又有各式各样的款式，单就用于佩戴的饰品而言，最流行的要算是手镯、挂件、耳坠等，其中手镯就占据了翡翠饰品销售的大头。一个高档的翡翠手镯，售价可以从几万到几十万甚至上千万不等，而一个中低档的翡翠手镯，几百甚至几十就可以买得到。从高档到低档，可谓是一个"天价"一个"地价"，那面对如此跳跃的价格，应该怎么选购翡翠手镯呢？首先，看种水和颜色。

　　有句行话："手镯看种，挂件看色"，由此可见，种水对一只手镯的重要性。水头好的翡翠手镯可使佩戴者显得年轻，而水干的手镯则显老气。翡翠颜色虽说的绿为贵，但还需要看佩戴者自己的喜好，有人喜欢紫罗兰色，有人喜欢黄色，但无论选择何种颜色均要以颜色鲜艳、透明度好者为上，且色最好在手镯外圈上。老年人戴深色为好，年轻人戴艳绿通透的则更能突出表现自我。但选购时，针对不同档次的手镯也有不同的要求。挑选高档翡翠手镯的首要标准是"既有种，又有色"，即水头好、质地细腻、通透无杂质，同时配有浓艳的翠绿者为佳。而对于中档翡翠手镯，选购时就可适当放低标准，可根据消费者对于种或色的偏好来进行选购。

其次，看款式和大小。目前市场上常见的翡翠玉镯款式有：圆镯、扁镯、椭圆镯（又称贵妃镯）、雕花镯、镶金镯、方边镯等，消费者可根据喜好和体型来进行选择。手腕偏瘦者可选扁镯；手腕粗胖者，选择圆镯、扁镯均可；手腕较宽者选贵妃镯比较合适。至于大小则因各人手腕粗细而定，一般要求戴于手腕上不要太紧、不要前后游动，也不要太松容易脱落。但需要注意根据人体胖瘦、高矮来选择，太瘦太矮戴粗手环，感觉沉重累赘，太胖太高戴细手环会显得轻浮不相配。

再次，看有无裂纹和杂质。裂纹是手镯的大害和隐患，若发现有裂纹则手镯的价值马上下跌。如果出现纵裂纹（即与玉镯同向延伸的裂纹）还好，要是此种裂纹不是十分明显，则对玉镯构成的破坏性影响不大。要是发现横裂纹，则说明手镯存在较大的隐患，这种手镯最好慎重购买。另外，手镯内部最好少绵团、少黑点。

　　最后，看工艺。手镯的粗细应均匀一致，抛光要精良，手摸有润滑感。还有就是要看手镯是否平整。具体可以将手镯置于水平的柜台上，用手轻轻按压各部位，若发出响声则表明其不算太平整。

▶▶▶ NOTE 小贴士

如何知道佩戴手镯的圈口尺寸

有的时候，帮朋友买手镯，如何挑选适合的手镯呢？因为圈口选大了，戴在手上容易掉下来，而且不美观，圈口小了，戴不进去。怎能知道他需要手镯的内径呢？选择下面两种方法中的一种，即可精确测量佩戴手镯的尺寸。

方法一

（1）把"大拇指"移至小指的指根处。如下图所示：

（2）用"细线"测量手掌"最宽处"的周长。

（3）用直尺测量细线长度，即可得到手掌最宽处的周长。

（4）换算即可知道自己最适合的尺寸范围：

线长：6～9厘米，手镯内直径4.0～4.5厘米

线长：10～13厘米，手镯内直径4.6～4.8厘米

线长：13～15厘米，手镯内直径4.9～5.1厘米

线长：16～19厘米，手镯内直径5.2～5.4厘米

线长：20～22厘米，手镯内直径5.5～5.7厘米

　　线长：23～25厘米，手镯内直径5.8～6.1厘米

　　线长：26～28厘米　手镯内直径6.2～6.5厘米

　　注：如果是椭圆形（别名，贵妃镯），则线长要加1.5～2厘米再换算。

方法二

　　（1）贵妃圈一般需要适当增加1～2mm；

　　（2）根据个人手骨的软硬，可向下浮动1mm左右，或向上浮动1～2mm；

　　手掌最宽处：

　　62～66mm，带内径50～52mm的圆镯

　　66～70mm，带内径52～54mm的圆镯

　　70～74mm，带内径54～56mm的圆镯

　　74～78mm，带内径56～58mm的圆镯

　　78～82mm，带内径58～61mm的圆镯

　　82mm以上，带内径61mm以上的圆镯

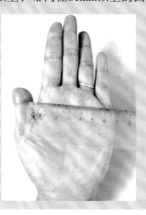

翡翠挂件的选购

常见的挂件有不作雕刻的光身挂件、雕刻有传统图案的挂件、镶嵌的挂件三种类型。选购挂件时，其取材最好要具有文化内涵，凸显个性，突出自我修养，不可千篇一律，同时要展示出翡翠的色彩美与质地美，使人观后清新悦目，产生高贵之感。实际选购过程中，要注意看种水、颜色、大小、厚度和内部质量，再有，对于进行过雕刻的挂件除了要看其雕工的精细程度、雕刻题材所表达的寓意外，还需要仔细观察雕花多的地方有无绺裂，因行话中有"无裂不遮花"之说。另外，若是购买翡翠挂件馈赠亲友，在表达美好祝愿之余，还需要考虑馈赠对象的忌讳。

翡翠耳坠的选购

翡翠耳坠饰品形状大小各异，但以水滴形为佳。无论什么形状均应水灵通透、满绿或散绿均好，应显眼，10米距离望去如水欲滴者为上。佩戴时应视体形、脸形来选择耳坠的长短、大小。除翡翠饰品的造型外，还应考虑人们个头的高低、身体的胖瘦、脖子的粗细、脸型、肤色甚至服装的色彩与款式，只有这样才能彰显佩戴者的品位。

翡翠戒指的选购

　　戒面应饱满大方，长宽比应尽量接近黄金分割比例，厚度应大于6毫米。绿色正且均匀，水透、少棉、少黑点、无裂绺、种老者为上。圆形、椭圆形、心形饱满者也可，重量大者为佳。

翡翠把玩件的选购

　　把玩件一般受男性消费者的喜爱，尤其是年纪偏大一些的男性。关于把玩件的选购需要注意以下几点。

尺寸： 要适宜拿在手中把玩，切勿贪大而携带不便。

选型： 宜选整体造型圆润，且适合把玩者手形的，这样把玩起来才舒适，不至于涩手。

题材： 一般多为传统题材，可根据选购者的喜好来定，若有题材巧妙新颖者也可接纳。

雕工： 以雕刻过渡圆滑自然、符合比例、精雕细琢者为佳。

翡翠摆件的选购

翡翠摆件常见的造型有山水、花卉、人物、瑞兽、瓶、炉、壶、笔筒、佛像等，由于摆件多陈设于桌上、装饰柜上或橱窗里供人观赏，故在选购时应考虑以下几个方面。

· 根据陈设的位置，选择不同造型的摆件。

· 根据整体的搭配，选择适宜大小的摆件。

· 根据四周的格调，选择合适颜色的摆件。

了解翡翠的吉祥含义

话说"男戴观音女戴佛"

现在市面上的确流行的一种说法就是"男戴观音女戴佛"。但是为什么要"男戴观音，女戴佛"，却很少有人去考究。要了解其中含义，还得从观音和佛说起。

观音和佛都是来源于印度佛教。观音，又名观世音，意思就是世间一切遇难众生只要发声呼救，观世音就会及时观其音声而前来相救。因为观世音菩萨大慈大悲，拯救一切苦难众生，故其全称为"大慈大悲救苦救难观世音菩萨"。后来因为避唐太宗李世民讳，略去"世"字，简称"观音"。

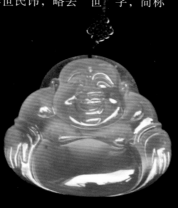

观音在印度佛教中是男身的，大约在魏晋时期传入中国时，观音还是以"伟丈夫"的形象高坐佛殿神堂，如梵僧观音形象。在甘肃敦煌莫高窟的壁画和南北朝的木雕，观音都是以男子汉形象出现，嘴唇上还有两撇小胡子。但到后来，逐渐被演化为女性形象。这主要是在中国民间流传的观音，已经不是纯粹的佛教观音菩萨了，而是佛教文化与中国道教文化的融合。可以说，观音是把佛教观音菩萨与道教的王母娘娘有机地结合了起来。尤其是唐朝武则天的掌权以后，随着女性地位的提高，给观音逐渐融入了母性慈爱的一面，使之逐渐演变为非常秀美妩媚的女菩萨形象，如水月观音形象。在中国也流传有观音为妙善公主之说。因此，目前在中国观音主要是以女性形象出现。

　　在中国的传统文化和易经中，十分强调阴阳平衡。既然有了信奉的女性的观音，必然要有一个信奉的男身的神来与之相对应，在佛教中也是非佛莫属了！因此选择了以乐呵呵的弥勒佛为形象。"弥勒"是梵文"Maitreya"的音译简称，意思是"慈氏"。据说此佛常怀慈悲之心。而现在的笑口弥勒佛形象，其实也不是印度佛教中的"弥勒佛"，而是在中国按照一个名叫契此和尚的形象塑造的。契此是五代时明州(今浙江宁波)人，又号长汀子。他经常手持锡杖，杖上挂一布袋，出入于市镇乡村，在江浙一带行乞游化。他身材矮胖，大腹便便，且言语无常，四处坐卧，能预知晴雨，与人言吉凶颇为"应验"。因其总负一布袋，故也被称为"布袋和尚"。

　　在玉石佩戴中"男戴观音女戴佛"的观念，首要的是与我国道教和易经中推崇的阴阳平衡息息相关。男性属阳，女性属阴；相反，观音为女性属阴，佛为男性属阳，故"男戴观音女戴佛"可以使佩带者身体阴阳搭配，达到阴阳的平衡的效果。从中国的传统文化观点看来，阴阳之道就是宇宙万物的化生之道，阴阳流转、阴阳交感就是宇宙自然生生不息的内在本质，是人体生命运动的内在机制。因此，不管是修身还是养性，都需要达到阴阳的平衡，进而达到身心和谐，天人合一的境界。

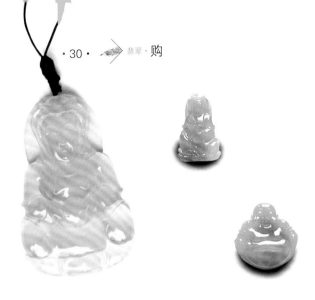

男子以事业为重，情绪受外界工作环境的影响较大，性情比较反复。观音心性温和、仪态端庄，男子佩戴观音，增加了一份平和，一份稳重，以助事业一臂之力；同时，"观音"的谐音为"官印"，这与中国传统的"封侯挂印""升官发财"思想相对应，也是人们对事业前程的蒸蒸日上、飞黄腾达的良好期望。

女子以家庭为重，以母亲的形象成为一家之主，是整个家庭的象征。弥勒佛头圆、肚圆、身子圆，慈悲为怀、笑口常开、一团和气、乐观向上。女性佩戴玉佛，充分体现了母亲的慈爱，以及对整个家庭的和和美美、圆圆满满、欢欢喜喜的良好期望；同时也能像大肚佛一样偌大的肚量，能够容纳家庭生活烦琐之事，对待生活笑口常开，和气生财，所谓的"家和万事兴"。在玉雕中有"五子闹弥勒"的造型，也是充分体现了合家欢乐的景象。而佛的谐音也就是"福"，戴佛也就是"代代有福"，能够保佑自己、家人和子孙和谐美满、富贵相安。

由此可见，"男戴观音女戴佛"是中国传统玉石文化对佛教文化和道教文化的理解与升华。当然，不论观音还是佛，都是能够帮助人们普度众生、祛灾祈福、辟邪消灾、逢凶化吉、永保平安的守护神。因此，玉佩当中观音和佛的佩戴，大家并

不一定要完全遵守"男戴观音女戴佛"这一说法，也可以根据自己的兴趣爱好和缘分来选择佩戴。目前男的佩戴佛，女的佩戴观音的人也有不少，只要自己感觉好，其实都一样。

玉意详解

中国玉文化几千年，更是给玉注入了无限生机。玉不雕不成器，正是因为玉雕师精心雕琢，一块块精美的玉器让人爱不释手，玉器所表现的内容更是让人心满意足，有表达辟邪保平安，吉祥如意等。是玉必有意，有意必吉祥。玉文化在继承前辈的基础上，在现代得到了更大的发展。

目前市场上可见到的翡翠玉成品，既有中国传统文化，又有现代东方文化与西方文化相结合，各种文化的融合，大大提高文化艺术内含，综合各时代各类图案，归纳出主要有以下寓意：

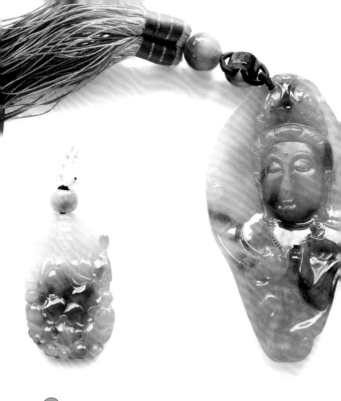

---

①

　　佛教文化寓意：主要为弥勒佛、观世音、千手
观音、送子观音、南海观音、普陀观音，各种菩萨
等图案。

②

　　道教文化寓意：主要图
案为阴阳八卦、阴阳鱼、五
神八卦。

3

　　皇宫文化寓意：如九龙归宗、双龙戏珠、龙凤呈祥、松鹤延年、贵妃出浴、望子成龙、一统天下、和平有象、金玉满堂。

4

　　文人文化寓意：喜上眉梢、岁寒三友（松竹梅）。

5

　　生肖文化寓意：用十二生肖属相：子鼠、丑牛、寅虎、卯兔、辰龙、巳蛇、午马、未羊、申猴、酉鸡、戌狗、亥猪，代表人生寄托吉祥，其属相者佩戴相应生肖玉佩。

6

　　生意人文化寓意：生意兴隆、年年有余、苦尽甘来、财运亨通、麒麟送财、金蟾献瑞。

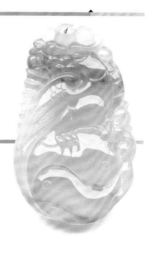

7

　　古代民间文化寓意：金猴拜寿、童子鱼、五子登科、五狮献瑞、鲤鱼跳龙门、精打细算、喜获丰收、连生贵子、福星高照、龙凤呈祥、福寿双全、五福临门。

8

仕途文化寓意：步步高、连升三级、硕果累累、冠上加官、螳螂捕蝉黄雀在后，花开富贵、鹏程万里、马上封猴。

9

新文化寓意：貔貅献瑞、心心相印、如意心锁、普天同庆、祝福（竹子、蝙蝠）、天长地久、花生。

10

福禄寿禧文化寓意：传统类：福：弥勒佛、蝙蝠、梅花、寿星、福在眼前、鸡冠花、佛手瓜；禄：鸡冠花、公鸡、凤凰；寿：龙头龟、人参、松树、仙鹤、高山、灵芝；禧：欢庆、喜鹊；植物类：葫芦、牡丹花、水仙花、梅花；人物类：关公、寿星、财神，也称三星高照。翡翠颜色类：福—紫罗兰，禄—翠，寿—翡，禧—青色。

11

寄托愿望文化寓意：望子成龙、多子多福。

12

儒教文化寓意：山水、人物、

花鸟、动物，梅、兰、竹、菊、葡萄、蔬菜（象征士大夫气概）。

玉的图案，反映了人们趋吉避凶的传统心态。每一种图案都通过其表面的纹图，或谐音、或象征、或含义，表达了一种祈求幸福的愿望。现就玉中常见的图案作一些具体的介绍。

1

福至心灵：蝙蝠、寿桃、灵芝。桃为寿而其形似心，借灵芝之"灵"字，表示幸福的到来会使人变得更加聪明。

2

鹤鹿回春：鹤鹿与松树。古人称鹿为"仙兽"，神话故事中有寿星骑梅花鹿；鹿与禄、陆同音，鹤与合谐音，故有"六合"同春之意（六合指

天地和东西南北），亦有富贵长寿之说。多见于玉插屏及玉牌子。

---

③

二龙戏珠：两条云龙、一颗火珠。《通雅》中有"龙珠在颌"的说法，龙珠被认为是一种宝珠，可避水火。有二龙戏珠也有群龙戏珠，还有云龙捧寿，都是表示吉祥安泰和祝颂平安与长寿之意。宋代至清代均有出现，圆雕、玉牌均有。

---

④

流云百福：云纹、蝙蝠。云纹形似如意，表示绵延不断。流云百福，即百福不断之意。

---

⑤

鱼龙变化：天上有一云龙，水中有一鲤鱼；一龙首鱼身，一鲤鱼翻越于龙门之上。古代传说有鲤鱼跳龙门的故事，凡是鲤鱼能跳过龙门的，就可变化成龙；不能跳过龙门的，点额而归，故黄河之鲤鱼多有红色的额头，都是没跳过龙门之鱼。鱼跃龙门表示青云得路，变化飞腾之意。

6

福寿齐眉：蝙蝠、寿桃、荸荠和梅花。

7

松鹤延年：鹤和松树。《字说》："松百木之长。"《礼记·礼器》："松柏之有心也，贯四时而不改柯易叶。"松，象征长寿之外，还作为有志、有节的象征。故松鹤延年既有延年益寿、也有志节高尚之意。

8

喜上眉梢：梅花枝头站立两只喜鹊。古人以为鹊能报喜，故称喜鹊，两只喜鹊即双喜之意。梅与眉同音，借喜鹊登在梅花枝头，寓意"喜上眉梢""双喜临门""喜报春先"。图案为一喜鹊一豹子者，称之为"报喜图"。图案为一蜘蛛网上吊着一个蜘蛛者，称之为"喜从天降"，因我国民间习俗称蜘蛛为"蟢"。图案为一獾一喜鹊者，称之为"欢天喜地"，两獾相嬉，叫"欢喜图"；两童子笑颜相对者，称之为"喜相逢"；四个童子手足相连者，叫"四喜人"。

9

马上封侯：一马上有一蜂一猴。以马上封（蜂）侯（猴）寓比立即升腾的愿望，图案为一大猴背小猴者，称"辈辈侯"；一枫树一印一猴或一峰一猴抱印者，称封侯挂印、挂印封侯。

10

喜报三元：喜鹊三、桂圆三或元宝三。古代科举制度的乡试、会试、殿试之第一名为解元、会元、状元，合称"三元"。明代科举以廷试之前三名为"三元"，即状元、榜眼、探花。"三元"是古代文人梦寐以求、升腾仕取之阶梯，喜鹊是报喜之吉鸟，以三桂圆或三元宝寓意"三元"，是表示一种希望和向往升腾的图案。此外还有"三元及第"、"状元及第"、"连中三元"、"五子登科"等图案。见于明清玉嵌饰及玉牌子。

11

麻姑献寿；麻姑仙女手捧寿桃。麻姑，古代神话故事中的仙女。葛洪《神仙传》说她为建昌人，修道牟州东南姑余山。东汉桓帝时应王方平之召，降于蔡经家，年十八九，能掷米成珠。自言曾见东海三次变桑田，蓬莱之水也浅于时，或许又将变为平地。后世遂以"沧海桑田"比喻世事变化之急剧。她的手指像鸟爪，蔡经见后想："背大痒时，得此爪以爬背，当佳。"又相传三月三日西王母寿辰，她在绛珠河畔以灵芝酿酒，为王母祝寿。故旧

时祝女寿者多以绘有麻姑献寿图案之器物为礼品。

12

福禄寿喜：蝙蝠、鹿、桃和喜字。人们常以蝙蝠之"蝠"寓意幸福之"福"；借"鹿"寓意"禄"；寿桃寓意"寿"，加之以"喜"字，用于表示对幸福、富有、长寿和喜庆之向往。

13

长命富贵：雄鸡引颈长鸣、牡丹花一枝。雄鸡长鸣喻长命，牡丹乃富贵之花，喻富贵。还有长命百岁之图案，雄鸡引颈长鸣，旁有禾穗若干。

14

五福捧寿：五只蝙蝠一个寿字。《洪范》："五福：一曰寿，二曰富，三曰康宁，四曰攸好德，五曰考终命。"攸好德，谓所好者德；考终命，谓善终不横夭。还有"五福临门"之图案。

15

教子成名：一雄鸡引颈长鸣，旁有五只小鸡。以雄鸡教诲小鸡（子）鸣（名）叫，寓意"教子成名"。还有"五子登科"、"教子成龙"、"望子成龙"、"一品当朝"等图案，表示殷切期望子孙取得成功之业绩。

16

福寿双全：蝙蝠一、寿桃一、古钱二。这些图

案都表示古代人心底希望幸福、富有和
长寿之意。

17

万象升平：一象身上有万字
花纹，腰背上负一瓶。万字在
梵文中作"Snivatra"（宝利抹
磋），意为"吉祥之所集"。佛
教以释迦牟尼胸部所现的"瑞
相"，用作"万德吉祥"的标
志。武则天长寿二年（693）制定
此字读为"万"。万象升平，表示
人民祝愿国泰民安、百业兴旺、国富民
强之升平景象。还有"太平景象"、"景象升平"
等图案。

18

福寿三多：一蝙蝠、
一桃、一石榴或莲子。《庄
子·天地》："尧观乎华，华
封人曰：'嘻，圣人，请祝
圣人，使圣人寿。'尧曰：
'辞。''使圣人富'。尧
曰：'辞。''使圣人多男
子。'尧回：'辞。'"古人
因以"三多"（多福多寿多男

丁）为祝颂之词。石榴取其子多之意，"莲子"乃连生贵子之意。

19

三星高照：三位老神仙。古称福、禄、寿三神为"三星"，传说福星司祸福、禄星司富贵、寿星司生死。"三星高照"象征幸福、富有和长寿。亦有图案为一老寿星、一鹿、一飞蝠的，称之为"福禄寿"。

20

三多九如：蝙蝠、寿桃、石榴、如意。《诗·小雅·天保》："如山如阜，如风如陵，如川之方至，以莫不增……如月之恒，如日之升，如南山之寿，不骞不崩，如松柏之茂，无不尔或承。"诗名"天保"，篇中连用九个"如"字，有祝贺福寿延绵不绝之意。

21

多福多寿：一枝寿桃数只蝙蝠。

22

岁岁平安：穗、瓶、鹌鹑。以"岁岁（穗）平（瓶）安（鹌）"之谐音借意表示人们祝愿平安吉祥的良好愿望。

23 　　福寿无边：蝙蝠、寿桃和盘长。

24 　　福在眼前：蝙蝠与一枚古钱。古钱是孔方外圆，借"孔"为眼，钱与前同音。亦称"眼前是福"。

25 　　寿比南山：山水松树或海水青山。"福如东海长流水，寿比南山不老松"，乃常见之对联。这一图案亦称"寿山福海"。

26 　　平安如意：瓶、鹌鹑、如意。以瓶寓"平"，以鹌鹑寓"安"，加一如意，而称"平安如意"。

27 　　年年有余：两行鲇鱼。"鲇"与"年"、"鱼"与"余"同音，表示年年有节余，生活富余。用于明代圆雕玉鱼及清代大玉碗底图案、玉牌子等。

图案为两条鲇鱼首尾相连者，童子持莲抱鲇鱼者，均称"连年有余"。图案为一磬一鱼或一磬双鱼，一童子击磬一童子持鱼者，皆称"吉庆有余"。一妇人手提鱼者，称之为"富贵有余"。

 28　一路平安：鹭鸶、瓶、鹌鹑。另有图案为鹭鸶、太平钱的叫一路太平。以鹭鸶寓"路"，瓶寓"平"、鹌鹑寓"安"，祝愿旅途安顺之意。

 29　福从天降：一娃娃伸手状，上有一飞福。以天空飞舞的蝙蝠即将落到手中，寓意为"福从天降"、"福自天来"、"天赐洪福"等。此外还有"五福临门"、"引福入堂"、"天宫赐福"等图案。

 30　事事如意：柿子、如意。《尔雅翼》："柿有七绝，一寿，二多阴，三无鸟巢，五霜叶可玩，六佳实可啖，七落叶肥大可以临书。""柿"与"事"同音，加之如意，寓意"事事如意"或"百事如意"、"万事如意"。

31

龙凤呈祥：一龙一凤。龙的传说很多，《史记·高祖本纪》开始将龙和帝王联系起来，"是时雷电晦冥，太公往视，则见蛟龙于其上。已而有身，遂产高祖。"凤凰在《淮南子》一书中开始称之为祥瑞之鸟，雄田凤，雌回凰。龙凤是人们心中祥兽瑞鸟，哪里出现龙，哪里便有凤凰来仪，就会天下太平，五谷丰登。

32

诸事遂心：几个柿子和桃。几个柿子窝为"诸事"，桃其形如心，表示诸多事情都称心如意。

33

岁寒三友：松、竹、梅或梅、竹、石。松，"贯四时而不改柯易叶"；竹，清高而有节；梅，不惧风雪严寒。苏东坡爱竹成癖，他曾道"宁可食无肉，不可居无竹"，还题写过"梅寒而秀，竹瘦而寿，石丑而文，是三益之友"。松竹梅被人们称之为岁寒三友，乃是寓意做人要有品德、志节。

34

必定如意：毛笔、银锭、如意。"笔"、"必"谐音，"锭"、"定"同言，再加如意，借意为"必定如意"。用于玉牌子较多，明清两代常见。

35

太师少师：一大狮子，一小狮子。太师，官名，周代设三公即太师太傅太保，太师为三公之最尊者；少师，官名，周为辅导太子之官，即乐师也。以狮与师同音，寓意不师少师，表示辈辈高官之愿望。图案为一大龙、一小龙者，称之为"教子成龙"，"望子成龙"。

36

八仙过海：八个仙人手持宝器，下有大海波涛。古代神话传说中的八仙，即李铁拐、汉钟离、张果老、何仙姑、吕洞宾、蓝采和、韩湘子、曹国舅。八仙故事多见于唐、宋、元、明文人的记载。

"八仙庆寿"、"八仙过海"的故事流传最广，据说，八仙在庆贺王母娘娘寿辰归途中跨过东洋大海，各用自己的法宝护身为开路，竞相过海，以显神通。

37

群仙祝寿：众多仙人各持礼物。传说三月三日王母娘娘寿诞之日，各路神仙来祝贺，以此取其吉祥喜庆之意。

38

渔翁得利：鹬蚌相争状，旁立渔翁。《战国策》："赵且伐燕。苏代为燕谓惠王曰：'今者臣来过易水，蚌方出曝，而鹬啄其肉，蚌合而拑其喙。鹬曰今日不雨，明日不雨，即有死蚌。蚌亦谓鹬曰：今日不出，明日不出，即有死鹬。两者不肯相舍，渔者得而并禽之。'"比喻双方相持不下，第三者因而得利。

39

平升三级：瓶上插有三戟。"瓶"与"平"同音，"戟"音"级"。"平升三级"乃表示官运亨通，祝愿连升三级之意。

40

流传百子：开嘴石榴或葡萄、葫芦。旧时传说，周文王有百子。以石榴子多表示百子，还有"子孙葫芦"之说。有"百子图"、"麒麟送子"、"莲生贵子"等图案，表示"子孙万代"、"万代长春"等愿望。

41

加官晋爵：雄鸡在鸡冠花下面。

42

麒麟图：一兽，头上一角、狮面、牛身，尾带鳞片，脚下生火，其状如鹿。麒麟，古代传说中的动物，古称之为"仁兽"，多作吉祥的象征。"麟凤龟龙，谓之四灵"。《礼记·礼运》："山出器车，河出马图，凤凰、麒麟皆在郊椒。"汉代画上的麒麟图案与马和鹿的样子相似，汉后逐渐完善了麒麟的形象。地毯及文物中的麒麟图案，多为"麒麟送子"、"麒吐玉书"等。因麒麟是瑞兽，又借喻杰出之人，麒麟送子、麒吐玉书皆有杰出人工降生的寓意。

43

玉堂富贵：玉兰花、海棠花、牡丹花。

44

鹤寿龟龄、龟鹤同龄：图案皆为一龟一鹤。《韵会》："龟为甲虫之长。"龟寿万年，是长寿之象征；鹤是仙禽。《崔豹古今》："鹤千年则变苍，又二千岁则变黑，所谓玄鹤也。"龟鹤同龄，乃同享高寿之意。

45

佛：挂件中的佛，常取大肚弥勒佛的造型。它实际是由一个叫契此和尚的形象塑造出来的。据史书记载，契此是五代时期明州（今浙江宁波人）人，经常手持锡杖，上挂一布袋，出入于市镇乡村游化行乞，故人们称他为"布袋和尚"。相传他身形肥大，衣着随便，言行不拘小节能预测吉凶，知晴雨，神秘莫测。后梁贞明三年，契此坐化，后人认为他是弥勒转世，造塔供奉。因此其成为解脱一切烦恼的化身。观音：而观音则被视为救苦救难之神，被视为慈悲的化身。观音菩萨在中国民间受到最普遍、最广泛的敬仰。

人们佩戴此类的纹饰挂件是为了借佛、神的力量来保佑自身，祈求平安快乐。

46

寿星：以南极仙翁托桃为图饰，寓意幸福长寿。寿星是我国长寿的化身，现代玉雕常以其为素材，用寄托人们对健康长寿的向往。

47

童子：以古代儿童为图饰，祝愿多子多福之意。

48

龙、凤：龙是中国最有代表性的吉祥神兽，凤是中国最有代表性的吉祥神鸟。寓意吉祥。传说凤在中国民间代表女性，龙代表男性。他们搭配在一起寓意婚配吉祥。

49

刘海戏金蟾：刘海戏金蟾，预兆生活越过越富足，越过越美满。刘海所戏的三足金蟾，被认为是灵物，刘海被认为是一位慈祥的钓钱散财之神，会给人们带来富裕美满的生活。

刘海原为人的姓名，蟾为动物，他们复合的含义在正式的典籍中虽无记载，但在一些地志野史中曾有刘海及刘海与蟾的一些近似内容记载和民间传说。试举其中一些数据如下：

（1）《陕西通志》载称："刘海名哲，字符英，号海蟾子，向燕王刘守光，好黄老之学，后弃官。从正阳子（按：即八仙中的汉钟离），隐修于终南山成仙去。"据此可之，刘海为有名有姓之人，曾做过烟国王之相，后弃官随八仙之一的汉钟离隐修终南山，并遂成仙人而去。从这条数据，刘海与动物中的蟾并无关系，只是其号为海蟾子而与"蟾"字有关。

（2）相传很早以前，黄山脚下住着一位姓刘的老农民，夫妻只有一个儿子，名叫刘海。贾山南海龙王有个女儿叫巧姑，自幼生长在水底龙宫。

一次，龙王带巧姑去北海龙宫赴宴，往返途中的美景给她留下了极其美好的印象。一次，她趁龙王外出的机会，变作一只金色的蟾蛉跃出桃花溪白龙潭，伏在一片翠绿的荷花叶上观赏四周的景色。就在这时，一条凶恶的大蟒向她扑来，正在桃花峰下砍柴的刘海救下了她。金蟾醒来后得知是刘海将她从恶蟒口里救出后，便从口中把一颗龙珠吐在荷叶上，作为给刘海的纪念之物，然后恋恋不舍地跃入水中回龙宫去了。

之后，巧姑深深爱上了刘海。一天，她思念刘海心切，又偷偷跑出了龙宫，变作金蟾爬上荷叶盼望能再次见到刘海。事也凑巧，那天刘海因为要伐木盖房，也来到白龙潭边，一边伐木，一边放牛。刘海伐树累了，走到潭边喝水，忽然发现在他的身边有一串金钱。他环顾四周并没有发现人影，喊了几声也无人答话，便放下钱准备回家，谁知那串金钱竟叮叮地响了起来，原来这钱是金蟾暗放在他身边的，那串着金钱的丝线就在她的手里。刘海要走，她便在水下牵动丝线，让那串金钱响起来。刘海感到奇怪，聚精会神地端详那串金钱为什么自己会响。不提防上次那条吞吃金蟾未成的大蟒，从背后向刘海扑来。龙女巧妙地引开凶蟒，使刘海得以抽刀，把那条恶蟒斩作两段。最后二人结为夫妻。

50

·鱼："鱼"与"余"谐音，表示富裕。如：年年有余（鱼）、吉庆有余（鱼）等。在古代，鱼不仅仅是人们赖以生存的重要食物之，而且还因此把鱼看成了祥瑞之物。孔丘生子，友人送鲤鱼一对为贺。孔子十分高兴地收下，以为吉祥，便给儿子取名孔鲤，字伯鱼。孟子把鱼和熊掌作为最高贵的美食，留下"鱼，我所欲也"的佳句。

鳜鱼，大有"桃花流水鳜鱼肥"的诗情画意。

鲤鱼，表达了人们企盼"鲤鱼跳龙门"的吉

祥。

一文人，手举一枝桂花，脚踩在鳌龟头上，自然是"独立鳌头折桂图"了。

鲤鱼跃于波涛之上，口中吐出水泡，水泡中隐约一条小龙飞上天空。大约这就是所谓的"鱼化龙"了。传说鲤鱼跳过龙门便可成龙，比喻幸运和高升，实乃文人对飞黄腾达的一种向往。所以李白在《上韩荆州》一文中说的："一登龙门则身价十倍"。即"鲤鱼跳龙门"。在民间，有许多表达吉祥的用语多采用

谐音。如：鲤与"利"，鱼与"余"、"玉"等即是。由此便创造出许许多多寓意丰富、形式优美的词汇来。又由词汇经过形象思维，绘制出活泼生动的画面来。一旦雕刻在翡翠玉器上，就大大增加了其观赏性和艺术性，成为畅销的商品，也有了收藏和研究价值。比如常见的有"渔翁

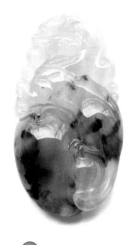

得利"，一个渔翁捕得大鲤鱼时的欢快表情跃然玉上；"金玉满堂"：几条金鱼水波中相互追逐嬉戏，寓意儿孙多且活泼可爱；鲢鱼游于莲塘之中，自然是"连年有鱼"，童子抱只大鲤鱼，背后绘以牡丹，叫作"富贵有余"。

50

　　貔貅（音皮休）：传说貔貅是龙生九子的第九子，长大嘴，貌似金蟾，披鳞，甲形如麒麟，而取兽之优，有嘴无屁股，吞万物而不泻。可招八方财，可聚宝，只进不出，神通特异。传貔貅因为触犯天条，玉皇大帝罚他只许吃不许拉。所以貔貅是以财为食的，纳食四方之财，肚子是个聚财囊，同时催官运。能腾云驾雾，号令雷霆，降雨开晴。相传有辟邪挡煞，镇宅之威力，貔貅是一种瑞兽，和龙、麒麟一样皆不存在于现世间。在传说中？曾帮助黄帝打败蚩尤，古代除舞龙、舞狮外，亦有舞貔貅。在道教《请神宝诰》文中，谓有一神，名讳为"先天辖落灵官王天君"，在上天除负有雷神之职，更统有百万"貔貅神将"，负责天上巡视工作，类似人间纠察工作，腾云驾雾，号令雷霆，降雨开晴，穿山破石捉妖精，收瘟摄毒伏群魔，防备

妖魔鬼怪、瘟疫、鬼魅扰乱天庭。

在汉书"西域传"上有一段记载："乌戈山离国有桃拔、狮子、尿牛"。孟康注曰："桃拔，一曰符拔，似鹿尾长，独角者称为天鹿，两角者称为辟邪。"辟邪便是貔貅了。

史记还追述了一个故事：4000多年前，黄帝指挥驯养过虎豹、熊、罴、貔貅等猛兽的部落，在坂泉（河北涿鹿县）打败了另一个部落的首领蚩尤。由于坂泉之战比较著名，所以西汉的史学家司马迁将它加以记载。除了《史记》外，中国第一部追述古代事迹的《尚书》，在《牧誓》篇中也曾叙述，距今3000多年前，周武王的部队"如虎如貔"，在牧野大败商纣王的军队，一直到后代，还用貔貅比喻勇猛的军士，战无不胜。在佛教中，貔貅还被用为地藏菩萨的坐骑，但是被称为"谛听"，但是从造型上看与貔貅无异。

貔貅是一种凶猛瑞兽，是如凤凰、麒麟一样分有雌性及雄性，雄性名为"貔"，雌性名为"貅"，但现在流传下来都没有分为雌雄的了。还有古时貔貅是分为一角或两角的，一角称为"天禄"，两角称为"辟邪"，后来再没有分一角或两角，多以一角造型为主。在南方，一般人是喜欢称这种瑞兽为"貔貅"，而在北方则依然称为"辟邪"。至于"天禄"则较少为人用以称这类瑞兽，还有些人将它称为"怪兽"或"四不像"等。

貔貅的造型很多，难以细分。经过朝代的转变，貔貅的形态比较统一，龙头、马身、麟脚，额下有长须，两肋有翅膀，会飞，且凶猛威武，如有短翼、双角、卷尾、鬃须常与前胸或背脊连在一起，突眼，长獠牙。到现在常见到、较为流行的形状是头上有一角，全身有长鬃卷起，有些是有双翼的，尾毛卷须。它有一个最大的特点，此兽无肛门，只进不出，比喻为招财进宝。

貔貅在风水上用来驱邪、挡煞、镇宅，其威力是毋庸置疑的。相传貔貅喜爱金银财宝的味道，常咬回金银财宝来讨主人的欢心，故有言此乃招财之物。因而貔貅另有旺财的功用。貔貅在五行风水中带火性，能招来大量的金钱，使世间财源自此打开。

在家宅或工作地点的适当位置放置貔貅，可收旺财之效。一般做偏行的人都认为"貔貅"会旺偏财的，所以他们都会在公司或营业地方摆放一只貔貅，属偏行的行业有外汇、股票、金融、赛马、期货等等。

貔貅与麒麟有所不同，貔貅是凶狠的瑞兽，有镇宅辟邪的作用，古代还用它来镇墓，是墓穴的守护兽，一般古墓的墓前都可以看到，可知其杀气的勇猛。

貔貅可摆放在风水的吉位上，很多地理师都认为有催财作用，而在八个不同的方位上，一般摆放玉质制造的貔貅，催财力量会很强。其实貔貅对于正财或偏财都会有利的，所以貔貅像在近年有流行起来的迹象；不过，利用貔貅来催财，总带点宗教色彩，故在玄空大卦的正神日贵神时或鸟兔太阳吉时，开光的貔貅催财力量是最强的，不论工作属于正行或偏行。但有一点要留意，作奸犯科的人，貔貅未必有催财之力，这便是灵兽的特性。貔貅在风水上的作用，可分以下几点说明：

（1）有镇宅辟邪的作用，将已开光的貔貅安放在家中，可令家中的运转好，好运加强，赶走邪气，有镇宅之功效，成为家中的守护神，保合家的平安。

（2）有趋财旺财的作用，尤对偏行、收入浮动者有奇效，例如销售、经商、外汇、股票、金融、彩马、期货、赌场等等。除助偏财之外，对正财也有帮助，所以做生意的商人也宜安放貔貅在公司或家中。

翡翠的保养知识

如果说翡翠要"养"是不是有点新鲜？翡翠虽不是动物、植物，但它确需护养。大家知道翡翠有种，种有"老"有"嫩"，种"老"的其结晶颗粒细小，晶隙细微，种"嫩"的结晶颗粒粗大，晶隙宽大，在晶隙中含有一定的水分。翡翠的生成地，地上地下水源丰富，翠石里自然含有较丰富的水分子，到北方干燥的环境里，不养护失水是自然的事，尤其是那些种粗的翡翠失水就更加容易，失水就使其变得干，干了后就会产生绺和裂，绺裂多了翡翠就会失去其美丽。种"老"的翡翠其晶隙极其细微，这样就能保持其原有的水头，永久不变。翡翠为什么要"养"，原因就在此。

如何"养"翡翠饰品呢?

是不是把它包装好压箱底即是护养?这不全对,只是一般的保护,保护饰品外形不受外力破坏,而对其内在的失水起不到作用,其实最好的"养护"最简单最实用的方法就是作为人的装饰物佩挂在身上即可,不论它在人体的哪个部位都有人体温润的小环境。常常佩挂即会补充翠的失水,使其润泽,水头得到改善,一些"绵""絮"就可以消退变透,这就叫"人养玉"。

(1)翡翠越戴越美,经常佩戴翡翠就是对翡翠最好的保养。日常保养,只需用清水清洗,去掉尘垢,再用干净柔软的布擦干即可。佩戴翡翠挂件,要注意检查红绳、项链是否结实,发现坏了要及时更换。

（2）在佩戴翡翠首饰时，尽量避免使它从高处坠落或撞击硬物，尤其是有少量裂纹的翡翠首饰，否则很容易破裂或损伤。

（3）保持翡翠首饰的清洁。若长期使它接触油污，油污容易沾在翡翠首饰表面，严重时污浊的油垢会沿翡翠首饰的裂纹浸入其内，很不雅观，因此要经常在中性洗涤剂中用软布清洗，擦干后再用。另外，翡翠首饰不能与酸、碱和有机溶剂接触。

（4）佩戴和收藏翡翠饰品时，要避免与其他宝石、钻石类首饰直接接触，以免产生损伤。对于镶嵌类翡翠饰品，最好定期到珠宝店清洗和检查，防止金属爪托松弛，翡翠脱落。收藏时，用纯净的温水洗净后，再用软布单独包裹存放。

但愿所有拥有翡翠的人"养"好翡翠，"养"出美丽，丰富我们的生活。

把玩翡翠也是一种"投资时间"

　　我曾经把灵芝、冬虫夏草、三七、枸杞子、雪莲等全部植物类好东西泡在酒里，时间一长，结果把这件事给忘掉了。几年后才发现我居然浸泡过一坛"十全大补素酒"，酒体的颜色变成酱油色，药酒的精华全部释放到酒里了。这时候我忽然明白一个道理：无意中我在进行着一项投资，这就叫作"投资时间"。

　　翡翠也是一种"投资时间"，如同自己把玩欧美的老钟表一样，不论东西价格高低，别人手里哪怕有一房间的希望，也比不上你自己手中已经把握的小小的满足。投资股市、金市、期市的得失并不确定，自以为很聪明的人最后也会明白一个道理：这个世间只有圆滑，没有圆满的。

　　历史无数次地证明一个真理：王道胜过霸道。实用价值比徒有光鲜外表重要一千倍。其实，天下乌鸦不一定都是黑的，有些看上去是黑的，灯光一照才明白，那是"墨翠"！这足以证明：用心去感知的世界，如同经验和阅历就是自己最好的老师一样，别人就很难忽悠你。

　　"天下没有免费的午餐"这句话，据说是十位学者从12本厚厚的书里浓缩出来的最经典的一句话。春天播种，秋天才有收获；在生活中，付出的越多，得到的未必就一定多。比如：十多年前几位女性朋友投资打扮，十多年后两大橱的衣服没有一件看得上眼，结果大部分捐给贫困地区了。

古希腊哲学家亚里士多德说过：优秀是一种习惯。习惯讲礼貌的人，总是很受人敬重的；习惯粗口的人，人们会从心里轻蔑他们。习惯"装"绅士的人，只要坚持"装三十年的绅士"，你一定就是绅士。

把玩，也是生命过程的一道风景线。我觉得，生命躯体本身没有任何意义，只不过是你自己赋予生命一种标签和价值。一位朋友对我说过一句非常经典的话：只知道埋头走路而不知道停下来欣赏一下风景的人，到老了就会发现自己经历的是很可悲的人生。宝马再好，赚钱再多，只知道200公里时速一路飞奔，却不知道停在人生的景区看一看风景，等你宝马的车"没油"被迫停下来时，你才发现人生的太阳快落山了。

玩翡翠，有时候接受一点点缺陷，不仅在价格上落差巨大，而且对生命来说，有一点点缺点恰恰留给你"无限的想象空间"。把玩翡翠能玩到"人生美好"那种保持永恒微笑的境，就是把玩翡翠的一种"投资时间"。

参考文献

[1] 张培莉. 系统宝石学. 北京：地质出版社，2006，5.

[2] 陈德锦. 系统翡翠学. 新浪网读书频道（http://vip.book.sina.com.cn/book/index_56346.html）.

[3] 摩伏. 摩伏识翠：翡翠鉴赏、价值评估及贸易. 昆明：云南美术出版社，2006，10.

[4] 袁心强. 应用翡翠宝石学. 武汉：中国地质大学出版社，2009，7.

[5] 苏文宁. 翡翠玉B货鉴别新探. 珠宝科技，1997，3：196.

[6] 陈德锦. 翡翠的鉴定程序. 科技资讯，2005，3.

[7] 陈德锦. 翡翠的选购等8篇. 大理日报，2005，8-2006，4.

[8] 欧阳秋眉. 翡翠鉴赏. 香港：天地图书有限公司，1995.

[9] 胡楚雁. 胡博士专栏——学术论文.

[10] 张代明，袁陈斌. 玉海冰花——水沫玉鉴赏·选购·收藏·保养. 昆明：云南科技出版社，2011，10.

[11] 徐斌. 翡翠百科.

[12] 陈德锦. 翡翠印象. 昆明：云南科技出版社，2012，7.

[13] 网友灬轩辕丫龙尊、一片羽毛、童言、品玉有道等的文章

[14] 徐泽彬. 论木那种翡翠.

跋

本书是借鉴了摩侂、袁心强、沈崇辉、吴云海、田军、张位及、肖永富、张培莉等专家的知识，根据作者本人2006年起在新浪网读书频道、17K读书频道中发表的《系统翡翠学》一书作为原稿编撰而成经整理编著的关于翡翠方面的知识书籍，其中有部分文字图片引用胡楚雁、徐斌、网友心轩辕丫龙尊、一片羽毛、童言、品玉有道等的文章，在此对他们表示诚挚的谢意。写的不妥的地方请各位专家学者指正。

本书中大部分图片均为作者以珠宝商家的物品作为样本所拍摄，少量图片来源网络，在此对于他们表示感谢。

感谢翡翠界泰斗专家摩侂老师百忙之中给本书写序。

感谢其他两位作者的鼎力支持。

感谢妻子刘霞女士及特尔斐珠宝的支持。

玉即是遇，皆因有缘。

陈德锦　谨识